DESCRIPTION

DE

LA SPHERE,

ET

DES GLOBES.

DEDIEZ ET PRESENTEZ

A MONSEIGNEUR

LE DAUPHIN.

Le 14. Mars 1704.

Par N. BION, *Ingenieur pour les Instrumens de Mathematique.*

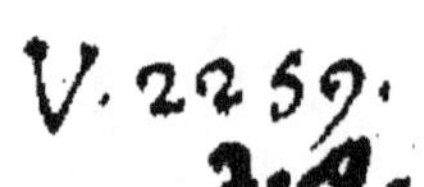

M. DCC. IV.

Avec Privilege du Roy.

DESCRIPTION

DU

GLOBE CELESTE.

LES Boules des Globes font d'un pied de diametre. Toutes les conftellations du Firmament font correctement gravées fur le Globe celefte, & les Etoiles exactement placées fuivant leur longitude & latitude conformement aux nouvelles Obſervations des plus habiles Aſtronomes, & diſtinguées ſuivant leur diffe-rente grandeur. Les figures deſdites Conſtellations ſont proprement colorées comme il leur convient, & les Etoiles argentées afin de les faire mieux paroître.

Ce Globe eſt attaché par ſon Axe à un Meridien de cuivre doré diviſé par degrez des deux côtez en 4. quarts de 90. deg. Sur chacune de ſes ſurfaces il y a moitié de ces quarts qui ſe compte de-puis l'Equateur juſqu'aux Po-les, & l'autre moitié depuis les Poles jusqu'à l'Equateur.

Sur le Meridien autour du Pole arctique est attaché un Cercle horaire divisé en deux fois 12. heures, & une Eguille à l'axe du Globe pour servir à ses differens usages.

Au point du Meridien qui représente le Zenith est placé un quart de cercle vertical ou azimutal, pareillement de cuivre doré divisé en 90. degrez, qui se comptent depuis l'horison jusqu'au Zenith.

Ce Globe avec son Meridien tourne dans l'horison de figure octogone par dehors.

Sur cet horifon font tracez
plufieurs cercles, dont l'inte-
rieur eft pour les douze fignes
du Zodiaque, divifés chacun
en 30. degrez; les autres cercles comprenent les douze
mois de l'année divifez chacun en leur nombre de jours
avec les feftes & les lettres
dominicales. Dans les an-
gles font les huit principaux
vents avec les noms qu'on leur
donne fur l'Ocean, & fur la
mer Mediterranée.

Et comme fur ce Globe fe
trouvent les deux Equinoxes
& les deux Solftices qui font
les termes des quatre Saifons

de l'année, on a trouvé à propos de faire ſupporter ſon horiſon par quatre figures qui ont rapport auxdites quatre Saiſons.

Le Printemps eſt marqué par une figure de femme couronée de fleurs, qui tient en ſa main un bouquet, & qui repreſente la Déeſſe Flore.

L'Eté eſt marqué par une autre figure de femme couronée d'Epis de blé, laquelle tient d'une main une faucille, & de l'autre une gerbe de blé, & qui repreſente la Déeſſe Ceres.

L'Automne eſt marqué par

une figure d'homme couronné de grappes de raisin , tenant en sa main une couppe pleine de vin , & qui represente le Dieu Bacchus : son air riant fait connoître que cette liqueur rend le cœur gay.

L'hyver est marqué par une figure de Vieillard tout couvert d'une grosse drapperie , tenant en sa main une poële de feu dont il se chauffe.

Le bas de ces quatre figures qui sont proprement sculptées & dorées se termine en console apuyée sur une base circulaire, dans le milieu de laquelle est une boussole de cuivre doré divisée en trente-deux vents, avec une Eguille aimantée, dont le bout où est le petit anneau marque le Nord où le Septentrion servant à orienter le Globe, ayant egárd à la declinaison de l'aiman.

Aux costez de la Boussole sont deux Dauphins joints ensemble par leur queuë, qui servent à porter le Meridien & le Globe.

Description du Globe terrestre.

On a marqué sur ce Globe tous les Païs & Etats connus, dont les principaux sont

A v

place · suivant les Memoires & les nouvelles obfervations de Meffieurs de l'Academie Royale des Sciences , & quoy qu'il y ait quantité de pofitions fur ce Globe , elles y font neanmoins fi bien diftinguées qu'elles n'y font aucune confufion ; on y trouve plufieurs remarques tres-curieufes, comme auffi les routes par mer qu'ont tenu les plus experimentez Pilotes avec leurs nouvelles decouvertes ; les divifions des Royaumes y font tres-finement colorées.

Le Meridien , le Cercle horaire & , l'Horifon de ce Globe sont de même que ceux du Celeste, à la reserve que les Climats sont marquez sur ce Meridien.

A l'égard des quatre figures qui suportent l'horison, elles conviennent assez bien au sujet, puis qu'elles representent les quatre parties du monde.

L'Europe qui tient le premier rang, par sa situation, par sa fertilité avantageuse, par la magnificence de ses habitans, & leur application à cultiver les Sciences & les beaux Arts, est representée par la figure d'Apollon couroné de laurier, tenant sa Lire en

main : il est le pere de lumiere
& le protecteur des Muses ;
il est aussi la devise de Sa
Majesté, qui est le plus grand
& le plus puissant Monarque
de l'Europe , & qui merite-
roit seul par ses éminentes ver-
tus de la posseder toute entiere.

L'Asie est représentée par
la figure d'un Mahometan
coëffé d'un Turban, tenant en
sa main un Sceptre terminé
d'un Croissant , qui fait connoître que le Grand Seigneur
possede les principaux Etats
de cette partie du monde.

L'Afrique est representée
par la figure d'une femme Ne-

gre coëffée dun Turban , tenant d'une main un Perro-
quet , & de l'autre un arc,
lequel avec les fléches qui font
dans fon carquois , font voir
que les Africains font fort ad-
donnez à la chaffe.

L'Amerique eft reprefentée
par une autre figure de femme coëffée & ornée de divers
plumages fuivant la maniere
du païs ; elle tient en fa main
un gros Lezard , qui eft une
efpece d'animaux fort com-
muns en cette partie du monde, dont ces peuples fe nour-
riffent en les faifant rôtir fur
des charbons.

Ces quatre figures se terminent en console, & sont appuyées sur une base circulaire, au milieu de laquelle est une Boussole & des Dauphins qui servent à porter ce Globe.

Description de la Sphere Armillaire.

Cette Sphere est composée des dix principaux Cercles que les Astronomes ont imaginé dans la Spere du monde, pour expliquer le mouvement journalier que les Cieux paroissent avoir autour de la Terre d'O-

rient en Occident sur les Po-
les du monde.

Ces Cercles se distinguent
en six grands & quatre petits ; les six grands sont l'E-
quateur, le Zodiaque, le Co-
lure des Equinoxes, celuy des
Solstices, le Meridien & l'Ho-
rizon : Les quatre petits sont
les deux Tropiques, & les
deux Cercles Polaires.

L'Equateur est divisé en
360. degrez qui se comptent
tout de suite d'Occident en
Orient, commençant au premier point du Bellier, pour di-
stinguer les ascensions droites

des Aſtres & des autres points du Ciel.

Le Zodiaque qui renferme dans ſon milieu l'Ecliptique, eſt diviſé en ſes douze ſignes qui ſont proprement gravez par dedans & par dehors, & chaque ſigne eſt ſubdiviſé en trente degrez par des portions de cercle qui tendent au Pole de l'Ecliptique pour ſervir à connoître les longitudes des Aſtres, qui ſe comptent pareillement d'Occident en Orient, en commençant au premier point du Bellier. On y a joint la diviſion des douze mois de l'année diftinguez par le nombre des jours que chacun d'eux contient, afin de connoître leur raport avec les degrez des fignes.

L'Ecliptique qui eft la route annuelle du Soleil, doit eftre imaginée fans aucune largeur, mais on donne environ 8. degrez de chaque cofté au Zodiaque pour marquer les plus grandes latitudes Septentrionales & Meridionales des autres Planetes.

Les deux Colures qui fervent à diftinguer les 4. points Cardinaux de l'Ecliptique, où les termes des 4. Saifons de d'année, sont auffi divisés de costé & d'autre en 4. quarts de 90. deg. pour avoir la declinaison des Paralleles de l'Equateur.

Le Meridien & l'Horison font de même qu'aux Globes. Le quart de Cercle vertical posé sur le Meridien du Globe celeste, peut auffi s'ajuster sur les Meridiens de la Sphere & du Globe Terreftre.

Les deux Tropiques & les deux Cercles Polaires qui servent à determiner les cinq Zones, font auffi divisez de côté & d'autre en 4. fois 90. degrez.

Au dedans de la Sphere Armillaire font deux quarts de Cercle, dont le plus grand, qui eft attaché par un bout de fon axe au Pole feptentrional de l'Ecliptique , porte le Soleil ; & le plus petit qui eft attaché à 5. degrez prés dudit Pole, porte la Lune, pour fervir à faire connoître les mouvemens particuliers de ces Planetes & leurs Eclipfes.

Au milieu de la Sphere, on a placé un Globe terreftre d'une groffeur convenable pour y pouvoir diftinguer les principales parties de la terre , & le raport que les Cercles qui y font tracez ont avec ceux de la Sphere.

Et comme les quatre Elemens font renfermez dans la Sphere du monde, on a trouvé à propos de faire fupporter fon Horifon par 4. figures, qui ont rapport aux fufdits Elemens.

La Terre y eft reprefentée par une figure de femme d'un air grave, avec une Couronne Murale, qui marque les Villes & les Forterefles qui font fur la furface de la Terre ; elle porte fous fon bras un lion qui pafle pour le Roy des animaux terreftres.

L'eau eſt repreſentée par la figure d'un Fleuve couronné de Joncs , & autres Plantes aquatiques ; ſes cheveux droits, & ſa longue barbe luy donnent un air venerable ; il porte ſous un de ſes bras une Urne verſante de l'eau , & de l'autre main il tient un Trident pour ſignifier qu'il eſt maiſtre des eaux.

L'air eſt repreſenté par une figure de femme ; ſon viſage marque beaucoup de vivacité; ſes cheveux élevez & voltigeans font connoître l'agitation de cet élement ; elle tient ſous ſon bras un Paon, qui eſt le plus beau des Oiseaux qui voltigent en l'air.

Le Feu est representé par une figure d'homme; son air actif, & ses cheveux enflamez le distinguent assez; il tient d'une main une pierre à fusil dont il s'est servi pour allumer le flambeau qu'il tient de l'autre main.

Ces quatre figures se terminent comme les autres en Console, & sont appuyées sur une base circulaire, au milieu de laquelle est la Boussole & les Dauphins qui servent à porter la Sphere.

Toutes ces trois pieces, sçavoir les deux Globes & la Sphere avec leurs supports sont posez chacun sur une espece de gueridon composé de trois grands Dauphins, dont les queuës entrelassées portent le haut du gueridon, & les trois testes sont appuyées sur une base triangulaire portée par trois griffes, le tout tres-proprement sculpté & doré.

On ne s'est point arresté à décrire icy les differens usages de ces Instrumens, parceque le sieur Bion a donné au Public depuis quelques années un Livre dont il s'est fait deja plusieurs editions, dans lequel tous ces usages sont expliquez fort au long , & avec beaucoup de netteté : sa deineure est sur le Quay de l'Horloge du Palais, au quart de Cercle.

A PARIS,
De l'Imprimerie de D. JOLLET,
au bout du Pont Saint Michel,
au Livre Royal.

www.ingramcontent.com/pod-product-compliance
Lightning Source LLC
Chambersburg PA
CBHW061708050726
47598CB00004B/1746